新雅小百科

動物

新雅文化事業有限公司
www.sunya.com.hk

使用說明

《新雅小百科系列》

本系列精選孩子生活中常見事物，例如：動物、地球、交通工具、社區設施等等，以圖鑑方式呈現，滿足孩子的好奇心。每冊收錄約50個不同類別的主題，以簡潔的文字解說，配以活潑生動的照片，把地球上千奇百趣的事物活現眼前！藉此啟發孩子增加認知、幫助他們理解世上各種事物的運作，培養學習各種知識的興趣。快來跟孩子一起翻開本小百科系列，帶領孩子走進知識的大門吧！

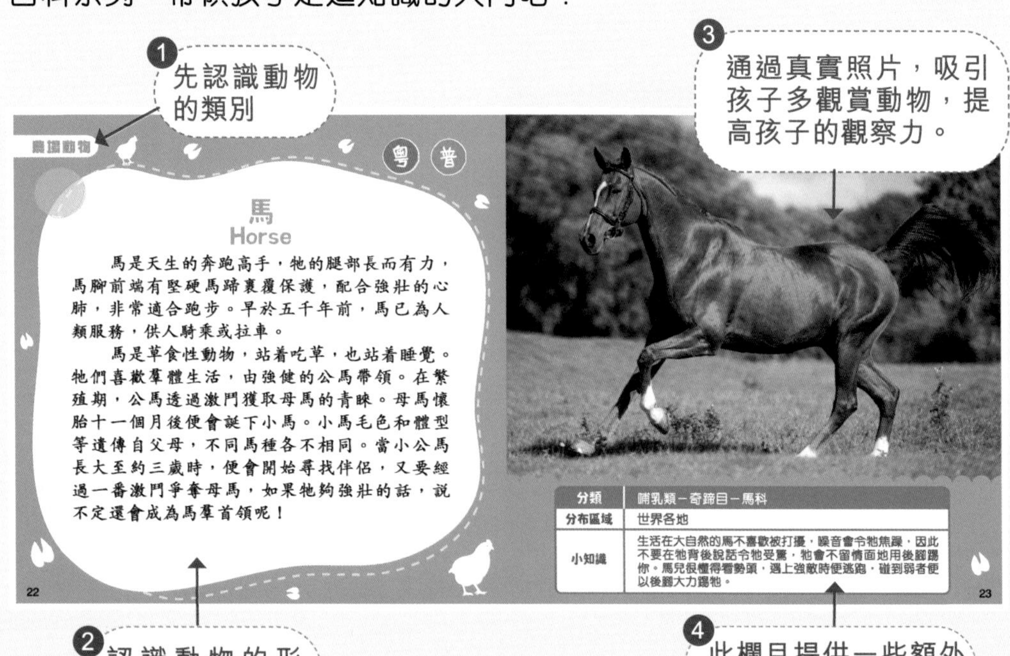

1 先認識動物的類別

3 通過真實照片，吸引孩子多觀賞動物，提高孩子的觀察力。

農場動物

粵 普

馬
Horse

馬是天生的奔跑高手，牠的腿部長而有力，馬腳前端有堅硬馬蹄裏覆保護，配合強壯的心肺，非常適合跑步。早於五千年前，馬已為人類服務，供人騎乘或拉車。

馬是草食性動物，站着吃草，也站着睡覺。牠們喜歡羣體生活，由強健的公馬帶領。在繁殖期，公馬透過激鬥獲取母馬的青睞。母馬懷胎十一個月後便會誕下小馬。小馬毛色和體型等遺傳自父母，不同馬種各不相同。當小公馬長大至約三歲時，便會開始尋找伴侶，又要經過一番激鬥爭奪母馬，如果牠夠強壯的話，說不定還會成為馬羣首領呢！

分類	哺乳類－奇蹄目－馬科
分布區域	世界各地
小知識	生活在大自然的馬不喜歡被打擾，噪音會令牠焦躁，因此不要在牠背後說話令牠受驚，牠會不留情面地用後腳踢你。馬兒很懂得看勢頭，遇上強敵時便逃跑，碰到弱者便以後腳大力踢牠。

22 23

2 認識動物的形態、主要特徵及生活習性

4 此欄目提供一些額外的趣味知識，吸引孩子的學習興趣。

新雅・點讀樂園 使用新雅點讀筆，讓學習變得更有趣！

本系列屬「新雅點讀樂園」產品之一，備有點讀功能，孩子如使用新雅點讀筆，也可以自己隨時隨地聆聽粵語和普通話的發音，提升認知能力！

啟動點讀筆後，請點選封面  新雅・點讀樂園，然後點選書本上的文字或照片，點讀筆便會播放相應的內容。如想切換播放的語言，請點選 粵 普 圖示。當再次點選內頁時，點讀筆便會使用所選的語言播放點選的內容。

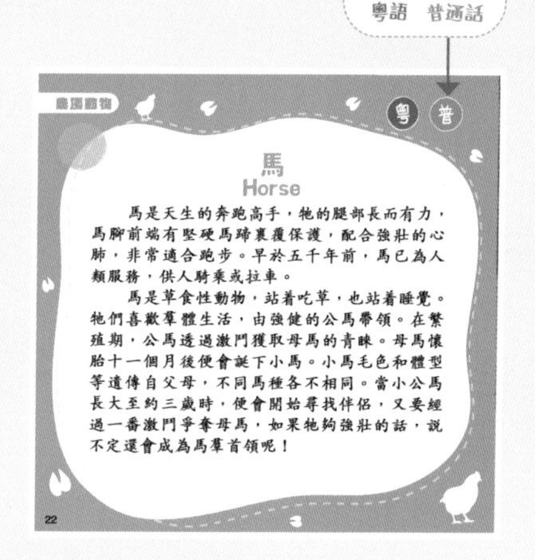

如何下載本系列的點讀筆檔案

1. 瀏覽新雅網頁(www.sunya.com.hk) 或掃描右邊的QR code 進入 新雅・點讀樂園 。

2. 點選 下載點讀筆檔案 ▶ 。
3. 依照下載區的步驟說明，點選及下載《新雅小百科系列》的點讀筆檔案至電腦，並複製至新雅點讀筆裏的「BOOKS」資料夾內。

目錄

寵物 Pet

粵 普

寵物是我們的陪伴者，可為我們帶來快樂和輕鬆的心情，傷心時還可以向牠傾訴呢。寵物種類繁多，包括哺乳類、爬行類、鳥類、魚類、昆蟲類等各類型動物，當中以哺乳類動物最普遍，因為牠們的大腦比較發達，智商比較高，能夠學懂如何與主人溝通互動，理解主人的想法和心情。

寵物不是玩具，牠們和我們一樣會長大、生病、變老、死亡。養寵物前要先了解牠們的生活所需和習性，為牠們製造舒適的居住環境，對牠們付出愛心與時間、生病時帶牠們看獸醫，並避免將牠們遺棄等。當寵物離世時不要太傷心，多想想和牠們相處的快樂時光，讓自己心情好轉吧！

粵 普

烏龜
Tortoise

烏龜背上有堅硬的殼，牠生命力很強，很容易飼養。大部分烏龜什麼都吃，但有些只吃植物。牠沒有牙齒，但上下顎長有呈鋸齒狀、銳利有力的角質，可以切斷植物，或是咬住小蝦、小魚等。

牠們有的在陸地生活，有的在水中生活，動作很慢，遇險時會把頭和腳縮進殼裏，避免受攻擊。龜殼是骨骼的一部分，它是不能與身體分開的。小烏龜漸漸長大，殼會隨着變大，上面的圈圈紋路也會越來越多。龜殼雖堅硬，但受重擊或生病時也會出現破裂，那就要帶牠去看醫生了。

分類	爬行類－龜鱉目－龜科
分布區域	熱帶和溫帶地區
小知識	烏龜是變溫動物，體溫會跟隨外界溫度而改變。天熱時，烏龜會浸在水裏或躲在陰涼處以降低體溫；天冷時，牠們喜歡曬太陽，讓身體變得溫暖，並可驅除寄生蟲。

粵 普

兔子
Rabbit

兔子長有大門牙、長耳朵、短尾巴，全身毛茸茸、軟綿綿，十分可愛。兔子需要較少水分，從進食的蔬果中已能攝取足夠水分，水分太多可能會拉肚子，但若是以乾燥飼料餵養的話，就要給予足夠的潔淨開水。除了蔬果和紅蘿蔔，兔子每日也需要進食大量的乾牧草，來促進腸道蠕動。

兔子天生好動，要是突然停下不動，就表示牠要大小便了。兔子大多温馴，受驚時會突然跳得很高、用後腳踩地，發脾氣時會發出「咕咕」聲、到處跑，然後用後腳大力踏地，這時如果抱牠就會被蹬、被抓，甚至被咬。

分類	哺乳類－兔形目－兔科
分布區域	亞洲、美洲、非洲和歐洲
小知識	兔子不會流汗，要用耳朵散熱。牠們的耳朵總是在動，左右耳更可以同時做出不同的動作。兔耳上有很多微血管和感知神經，所以抱兔子時不要用手抓提耳朵，而要用手輕輕托住牠的屁股，讓牠靠着你身上，以免令耳部受創。

粵 普

貓
Cat

不同種類的貓，毛色、斑紋各異。貓愛玩毛線球，也愛被搔癢。牠有不少獨特本領，例如在高處躍下時長長的尾巴能夠保持平衡，安全落地；腳底的軟墊可減弱撞擊力，令牠走起路來無聲無息；牠在微光中也能看得一清二楚，而在完全黑暗時雖然看不見，但貓鬚能夠探測到周圍物體的距離，令牠在黑暗中仍能行動自如。

貓的尾巴上揚時表示高興；尾巴的毛全部豎起，弓起身體，就是生氣了；當被撫摸感到舒服就會「咕嚕咕嚕」叫。只要細心了解、悉心照顧貓咪，牠就會主動親近和你做朋友。

分類	哺乳類－食肉目－貓科
分布區域	世界各地
小知識	貓會在進食時把舌頭捲成湯勺狀，方便把湯水、食物送進嘴巴。貓舌上長有小肉刺，所以我們被貓舔過會感到刺痛，但這正好讓愛乾淨的貓把舌頭當成毛刷，用來清潔身體，梳理毛髮。貓的身體很柔軟，可以靈活地舔遍身體每個部位。

粵 普

狗
Dog

狗聰明有人性，是人類的好朋友。牠喜歡睡懶覺，更喜歡玩耍和運動，所以除了在家陪牠玩，最好每天帶牠出去散散步。狗的視力和人類相比較差，但嗅覺非常靈敏，能憑氣味辨別位置，也會留下小便的氣味來霸佔地盤，日後牠會循着氣味回到原地上廁所。

狗開心時會擺動尾巴，有時更會在地上翻滾；害怕時會夾着尾巴；遇到可疑人物時會豎直尾巴、拉直身體，準備攻擊。狗不能出汗，天熱時會伸出舌頭大力喘氣，透過分泌大量唾液散熱，以防中暑。若狗表現得無精打采，可能是生病了，需要帶牠去看醫生。

分類	哺乳類－食肉目－犬科
分布區域	世界各地
小知識	狗的祖先在森林生活，沒有人定期供應食物，需要自己儲存食物。另外因為森林地面凹凸不平，睡覺前需要把地面踏平。狗的這些習性一直遺傳至今，牠們仍然喜歡將食物藏起來，還有睡覺前會先在原地轉圈才卧下。

倉鼠
Hamster

不同品種的倉鼠，毛色和斑紋也不一樣。倉鼠兩頰鼓鼓的，各有一個頰囊，是臨時的食物倉。倉鼠是雜食性動物，主要吃種子和蔬果。牠喜歡獨居，愛在日間睡覺、夜間活動。牠很活躍貪玩，所以除了進食和睡覺的地方，還要給牠安排足夠的運動空間，並給牠一些玩具，例如滾軸輪、硬紙管和梯子，也可以故意藏起一些食物，讓牠去盡情探索。

倉鼠雖然膽小，但是牠害怕或生氣時也是會咬人的。倉鼠的牙齒會不停生長，我們可以提供樹枝或木塊給牠啃咬磨牙，令牙齒保持短小和健康。

分類	哺乳類－齧齒目－倉鼠科
分布區域	亞洲、歐洲
小知識	倉鼠很膽小，當牠來到新居所，請先讓牠在寵物籠裏獨處，待牠熟習環境後才開始抱牠及和牠玩耍。抱倉鼠時要用兩隻手，並保持溫柔，將雙手合攏慢慢放進寵物籠，讓牠聞聞你的手掌，再慢慢攤開手掌讓牠爬上去。

龍貓
Chinchilla

龍貓，也叫毛絲鼠。牠愛在日間休息，夜間才活動。牠細小可愛、溫馴膽小，受驚嚇時會害怕到脫毛。龍貓和倉鼠一樣，牙齒會不停生長，需要啃咬硬物磨牙，防止牙齒過長。牠敏捷好動，喜歡到處跳、到處爬，需要較大和較高的多層活動空間。

龍貓的洗澡方法與別不同，不是用水，而是用專門的礦物洗澡粉。洗澡時，聰明的龍貓會把眼睛和鼻孔合上，然後在澡盆裏打滾，讓粉末附在毛髮上，吸去毛髮裏多餘的油脂及濕氣，並把污垢一併除去，保持清潔乾爽。

分類	哺乳類－齧齒目－毛絲鼠屬
分布區域	南美洲安第斯山脈
小知識	龍貓對溫度及濕度十分敏感，喜歡涼爽天氣，若溫度高達攝氏 25 度以上，牠會感到不適，或會中暑，甚至因中暑而死亡。龍貓不能用水洗澡，因為牠的皮毛吸水後很難乾透，而濕氣會使牠體溫過低以致不適，甚至致命。

農場動物 Farm Animals

　　農場裏，除了種植着各式各樣的果樹和蔬菜，還住着許多動物。農場動物主要分為家畜和家禽兩類，馬、牛、羊和豬等長有四條腿的哺乳類動物都屬於家畜。而家禽就有雞、鴨、鵝或火雞等鳥類，牠們都是由蛋裏孵出來的，全身覆蓋着羽毛，長有兩隻腳和一對翅膀。

　　不要小看這些動物，牠們既能提供蛋、奶和肉類等營養豐富的食材，有的皮毛更可製成保暖衣物和其他日常用品，與人們的生活息息相關。農場主人非常愛護牠們，除了悉心照顧牠們的起居飲食，還要監察牠們的健康狀況，務求供給人們安全衞生的農畜產品。

粵 普

馬
Horse

馬是天生的奔跑高手，牠的腿部長而有力，馬腳前端有堅硬馬蹄裹覆保護，配合強壯的心肺，非常適合跑步。早於五千年前，馬已為人類服務，供人騎乘或拉車。

馬是草食性動物，站着吃草，也站着睡覺。牠們喜歡羣體生活，由強健的公馬帶領。在繁殖期，公馬透過激鬥獲取母馬的青睞。母馬懷胎十一個月後便會誕下小馬。小馬毛色和體型等遺傳自父母，不同馬種各不相同。當小公馬長大至約三歲時，便會開始尋找伴侶，又要經過一番激鬥爭奪母馬，如果牠夠強壯的話，説不定還會成為馬羣首領呢！

分類	哺乳類－奇蹄目－馬科
分布區域	世界各地
小知識	生活在大自然的馬不喜歡被打擾，噪音會令牠焦躁，因此不要在牠背後說話令牠受驚，牠會不留情面地用後腳踢你。馬兒很懂得看勢頭，遇上強敵時便逃跑，碰到弱者便以後腳大力踢牠。

牛
Cow

牛以強壯勤勞見稱，會耕田和拉車，是人類的好幫手，所以古時人們都不忍心吃牛肉。後來，隨着生活習慣改變和品種改良，便出現了專供食用的牛。

牛是草食性動物，頭上長有角。而牠長長的尾巴是驅趕蚊蠅的工具。牛性情温和，容易飼養。

農場飼養的主要是黃牛和水牛，還有專為提供牛奶的乳牛。黃牛喜歡留在草地，水牛就經常泡在水中。除了供食用外，牛還有很多用途，例如牛皮可以做成鞋子和皮衣，牛角可製成梳子，牛糞就可以做肥料等。

分類	哺乳類－偶蹄目－牛科
分布區域	北美、歐洲、亞洲
小知識	牛的胃分成四個不同用途的胃室。牠吃草時只稍經咀嚼便吞進瘤胃進行初步分解，進到蜂巢胃再度分解後返回口中，咀嚼後再吞下，這叫做反芻。接着，食物會經重瓣胃磨細和吸收水分，最後才送進皺胃用胃酸來消化。

普

羊
Sheep

羊的品種很多，農場裏最常見的有山羊和綿羊，牠們提供衣物原料和肉食。羊和牛一樣愛吃草，嘴巴總是動個不停。

綿羊和山羊要如何分辨？山羊體型結實，從小顎下便長有鬍鬚。牠身上的毛比較粗，頭上長着直長的角。牠的腳部強壯，動作敏捷，擅長爬坡攀岩。綿羊體型圓潤、行動較緩慢，全身長着濃密捲毛，兩隻彎角長在頭的兩側。

至於個性方面，綿羊非常膽小，喜歡擠在一起，羣體行動，只要引開其中幾隻，其他的也會跟着走。而山羊比較有好奇心，偶爾會獨自行動。

分類	哺乳類－偶蹄目－牛科
分布區域	世界各地
小知識	綿羊祖先是體型龐大的原羊。原羊身上長滿捲曲的羊毛，可抵禦極寒天氣。牠很兇猛，難以從牠身上取得保暖的毛，人們只好捕捉小原羊來馴養改良為較嬌小溫和的綿羊。綿羊的毛又長又軟，經工廠加工後可製成地氈和各種衣物。

粵 普

豬
Pig

豬是雜食性動物，從不挑食，吃得多、長得快。豬的身體圓滾滾、胖嘟嘟，身上稀疏的鬃毛又短又硬。豬鼻上兩個鼻孔又大又圓，一遇到危險便「齁齁」地叫。牠的腿既粗且短，每隻腳上有四個趾，走路時只有兩趾着地，就像長期踮腳行走。雖然豬無法分辨顏色，但是嗅覺和聽覺卻相當靈敏，不管多麼遙遠、多麼微弱的聲音牠都能聽到。

原來，豬常在泥地裏滾竟然是因為愛乾淨！牠利用泥巴沐，讓身上的寄生蟲隨着乾掉的泥巴脫落，令自己更健康，以及調節體温和保護皮膚等。

分類	哺乳類－偶蹄目－豬科
分布區域	世界各地
小知識	豬絕不是只吃不做的傢伙，牠的嗅覺極其靈敏，會協助人們尋找長於地底深處的松露。豬的心臟與人相似，常被用來做各種醫學實驗。牠的皮膚組織也與人很接近，在治療燒傷、表皮移植及化妝品測試上大派用場。

雞
Chicken

雞是雜食性動物。牠的嘴又尖又硬，因為沒有牙齒，啄食時會連小砂石也吞下，讓小砂石把胃裏的食物磨碎，幫助消化。雞的毛色通常是咖啡色，而公雞毛色較鮮豔和有光澤，牠尾部和頸部的羽毛都較母雞的長。

公雞頭頂長有紅色的肉冠，清晨會大聲「喔喔喔」啼叫。當公雞脖子上的羽毛膨脹開來，雞冠直豎並展翅圍繞着母雞跑，便是希望吸引母雞和牠交配。母雞誕下受精蛋後須經過21天的孵化期，小雞逐一啄開蛋殼鑽出來。小雞長大約一個月後，就能分辨出誰是公雞，誰是母雞了。

分類	鳥類－雞形目－雉科
分布區域	世界各地
小知識	母雞羣通過互啄分出強弱，最強的作為首領，享有吃和築巢的優先權，並可以啄羣中的所有母雞，但誰都不敢啄牠。首領之下還有小首領，一級級排下去，地位最低的母雞為免被其他母雞啄來啄去，只好躲得遠遠的。

粵 

鴨
Duck

鴨是雜食性動物，牠扁平的嘴巴具有十分強勁的咬合力，可以輕易咬住水中滑溜溜的動物，也可以過濾食物中多餘的水分。

鴨有濃密的羽毛來保持溫暖，牠的兩條腿很短，並長在身體偏後方，所以走路時搖搖擺擺的。鴨腳上共有四隻腳趾，三隻在前，一隻在後，腳趾間長有蹼，可以增強牠在水中暢泳的推進力。

鴨的孵化期大約是一個月，雖然牠是早熟性鳥類，出生當天就會跑和游泳，但牠還是需要向父母學習覓食以及避開掠食者的方法。

分類	鳥類－雁形目－鴨科
分布區域	世界各地
小知識	為什麼鴨常常置身泥水捕食仍能保持羽毛乾爽？秘密就在於牠的尾部，原來鴨尾長有尾脂腺，能夠分泌一種油脂，牠會啄取尾部油脂，均勻地塗在全身羽毛上，以達到防水效果，上水時只要甩一甩，就能保持羽毛乾爽。

鵝
Goose

鵝是體型最大的家禽，長得圓潤可愛，雙腳粗短。鵝從外表雖然分不出公母，但公鵝的鳴叫音高聲尖，既清晰又洪亮；而母鵝的鳴叫音濁，粗聲低沉，只要仔細聽，就可以分辨到。

鵝的嘴部寬大扁長，方便拖拉和咬食青草。牠們會到水中覓食，也會留在陸上吃青草。鵝喜歡成羣結隊，不喜歡單獨行動。牠們的夜視能力高，聽覺敏鋭，警覺性極強，稍有動靜就會互相發出警告。鵝的頸部比較長，在走路或站立時，會將頸子伸得直直的，神態非常高傲。

分類	鳥類－雁形目－雁鴨科
分布區域	世界各地
小知識	鵝的嘴巴邊緣呈鋸齒狀，咬合起來勁力十足，被牠咬到疼痛非常，甚至會紅腫起來。聽說牠的超強攻擊力連蛇也退避三尺呢！

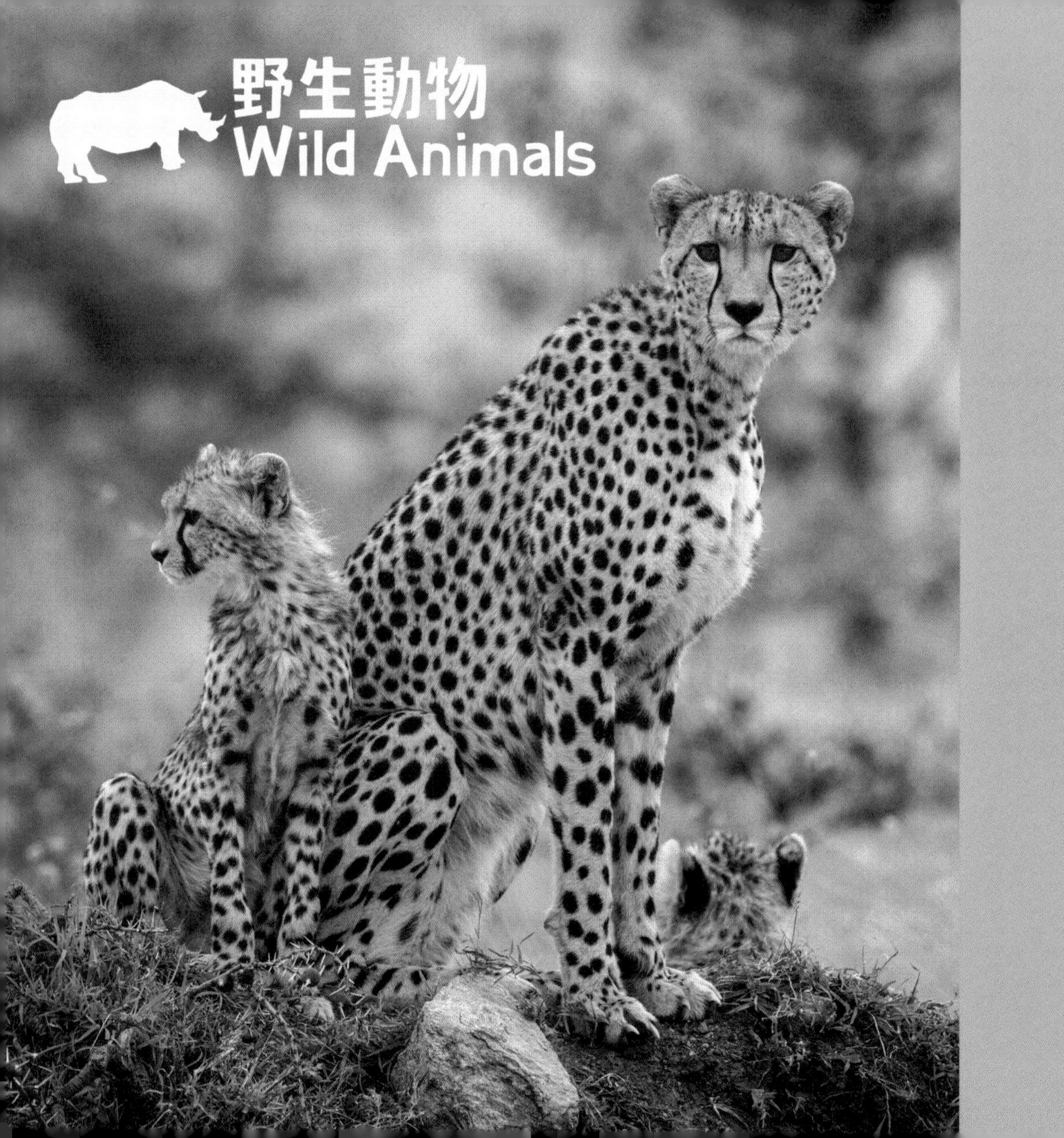
野生動物
Wild Animals

野生動物生活在森林、草原、荒漠等不同棲息地，有的喜歡獨居，有的喜歡羣居。許多草原動物總是成羣結隊行動，有的為了覓食更得不時遷徙。

而森林動物大多身上長有斑紋，毛色與自然環境相近，不輕易被發現，為了躲避地面的掠食者，有的會藏身或居住在樹上。可見，野生動物都具有非常強的適應力，而且會憑生存需要去尋找適合自己的棲息地。

粵 普

老虎
Tiger

老虎是體型最大的貓科動物，喜歡棲息在茂密的森林裏，常常泡在水裏洗澡、游泳。牠身上有許多黑色條紋，可以輕易隱藏在叢林之中。老虎腳趾上的利爪於行走、奔跑時會自動縮起，而腳底厚厚的肉墊可以減弱落地聲響，有利於狩獵。

老虎的長尾巴主要用作維持身體平衡，但也有溝通用途，同時是厲害的武器。牠聽覺敏銳，夜視能力是人類的六倍，每顆牙齒都銳利得能切肉割皮。當牠使出「吼叫」絕招，更可產生 18 赫茲的次聲波，其他動物聽了都會落荒而逃，極具震懾力，是名副其實的「森林之王」。

分類	哺乳類－食肉目－貓科
分布區域	俄羅斯、中國、印度、東南亞
小知識	老虎需獨佔很大的領地，才可獵獲充足的食物。牠在樹上留下爪印，或排泄尿液和糞便，用氣味來霸佔地盤。一般小虎長大至二至三歲就會離開媽媽，小雌虎大多會在媽媽附近佔一塊領地，而小雄虎就要外出闖蕩尋找新領地。

粵 普

獅子
Lion

獅子是羣居動物，每個羣體都有自己的領地，通常以一隻公獅為首，帶領着幾隻母獅和幼獅一起生活。只有公獅有鬃毛，擁有一頭濃密、旺盛鬃毛的公獅，代表牠的身體強健，更能吸引異性。

同一羣體的母獅會餵哺其他母獅所生的幼獅，這情況極少在哺乳動物中出現。除了生產，母獅還要負責獵食；公獅就扮演護衞，當有敵人入侵或成員受襲時，便要奮勇退敵。公獅以激鬥爭取獅王之位，過程中會以吼叫震懾對手。當有新獅王戰勝老獅王，牠會長時間大吼，有時更會連吼幾晚，宣告新獅王誕生了。

分類	哺乳類－食肉目－貓科
分布區域	非洲
小知識	獅子尾巴末端的毛髮較厚，在奔跑時可以幫助平衡身體，又可以互傳訊息，還可以驅趕蚊蠅。獅子身上的味道獨特，牠們互相摩擦身體來打招呼，使彼此的氣味混合，表示友善，而狩獵時就要從逆風處接近獵物，以藏住味道。

獵豹
Cheetah

　　獵豹的毛色金黃，全身點綴着黑色斑點，尾巴末端是黑色的，臉上一道黑色條紋從嘴角連接至眼角。牠的體型瘦長，是跑得最快的陸上動物，時速可高達 110 公里，更能在幾秒內加速，只是耐力不佳，不適合長跑。

　　獵豹的身體結構和肌肉系統也具有一定的彈性，能夠迅速起跑，再配合強壯的心臟、巨大的肺部、細長有力的四肢等，令牠成為了快、狠、準的狙擊手，小動物一旦被牠發現，就難以逃脫。牠還有一條長尾巴，除了作平衡用途，也可在急轉彎及停步時作為緩衝，減少摔倒機會。

分類	哺乳類－食肉目－貓科
分布區域	非洲與亞洲
小知識	繁殖期時，雌獵豹會發出「咕咕」的叫聲，而呼喚小獵豹時就發出「吱吱喳喳」的聲音。為什麼獵豹不吼叫，而總是發出像鳥叫的聲音呢？原來，獵豹只有一片舌骨，這種生理構造上的差異，導致牠們發出的聲音跟獅子、老虎等，是如此不同。

粵 普

熊
Bear

熊體型肥胖，看來有點笨拙，但有些熊卻能以時速 48 公里奔跑，而且牠們大部分都能爬樹。熊的四肢短但強健，每隻腳上長着五個彎曲堅硬的爪子，令牠們在挖洞、爬樹時更加得心應手。牠們走路時就像人一樣，以腳底平貼地面。

熊喜歡獨居，佔有自己的領地。牠們用背部摩擦樹幹留下氣味，用來向其他熊宣示主權或吸引異性。小熊剛出生時很弱小，為確保牠的安全，母熊會讓牠坐在背上或咬着牠，寸步不離地帶着牠，並教導牠覓食、避險等技能。大約三歲時，小熊便可以獨立生活了。

分類	哺乳類－食肉目－熊科
分布區域	世界各地
小知識	因為寒冬覓食不容易，有些熊會先在冬季來臨前大吃一番，冬天一到，牠們便會暫停進食，減少活動，躲進洞裏進行「冬眠」，以保持體力和體溫。熊並非真的在冬眠，牠也會在冬季較溫暖的日子裏醒來。

大象
Elephant

大象是最大的陸上動物，雖然力大無窮，且長着攻擊力十足的長牙，但是性情卻是十分溫和。牠們很聰明，記憶力也很好，從前人們會訓練大象做搬運木材等粗重工作。

大象的食量很大，一天需要吃下重達 180 至 270 公斤的食物。牠們的鼻子長約二米，可以充當手臂採摘食物、把食物放進嘴裏，甚至可以撿起微小的米粒呢！牠們不用俯身喝水，而是伸長鼻子吸水，還會用鼻子噴水為身體降溫。牠們的耳朵和被子差不多大，可以幫忙散熱，防止身體過熱而死亡。

分類	哺乳類－長鼻目－象科
分布區域	亞洲和非洲為主
小知識	大象身體龐大，成年象的體重超過 3 公噸，但牠仍可以像其他哺乳動物般踮着腳尖走路，步行時速最高更可達 24 公里。牠的腳可以感應到十米以外，人類聽不到的其他大象的超低頻叫聲。

河馬
Hippo

水陸兩棲的河馬，一般以河流和湖泊為家，擅長潛水，每天差不多有三分之一的時間都泡在水中，而集中在臉上部的眼、耳和鼻孔露出水面，牠仍能如常呼吸，還可以看到和聽到水面的動靜，保持警覺。河馬有很多活動都是在水中進行的，包括交配、分娩、哺乳。牠潛入水中時，耳朵和鼻孔會自動封閉防止入水。

羣居生活的河馬，以 20 至 30 隻甚至上百隻成團，由當中最強壯的雄性為首領。牠們會在同一地方排便，令糞便積成一大堆，作為領域的標記。

分類	哺乳類－偶蹄目－河馬科
分布區域	非洲
小知識	河馬沒有汗腺，當水分充足時會分泌出紅色液體，稱為「血汗」。血汗含有河馬酸，可以防止皮膚曬傷或太過乾燥而龜裂，且具有消毒作用。河馬還有一個有趣的行為，被統治的河馬會將糞便濺在首領臉上，向牠「致敬」。

普

長頸鹿
Giraffe

長頸鹿的斑紋形狀各式各樣，有方形、扁圓形、星形等。每一隻的斑紋都是獨一無二的。長頸鹿有長長的脖子和長長的四肢，牠是世界上最高的陸上動物，高約六米，大概有兩層樓的高度。長脖子讓長頸鹿在覓食時顯得格外方便，一抬頭便吃到其他動物吃不到的樹梢葉子，牠還會用舌頭將更高處的樹葉捲進嘴裏。

長頸鹿以小家族方式過着羣體生活，幼鹿出生後一、兩個小時就可以走路，牠總是緊跟在媽媽身邊。當遇到羣獅，母鹿會把幼鹿夾在兩腿間，不停蹬地與獅子抗衡，然後一邊護着孩子一邊伺機逃脫。

分類	哺乳類－偶蹄目－長頸鹿科
分布區域	非洲的草原
小知識	長頸鹿來到湖邊準備喝水前，都會連番視察四周，以確保沒有猛獸來襲。而由於前腳太長，牠必須要先小心翼翼地岔開雙腿，才伸長脖子俯身低頭大口喝水。

斑馬
Zebra

斑馬的主要食物是草原上的長草。每一隻斑馬擁有獨一無二的條紋，可以用來辨別身分。斑馬常成羣結隊地出來覓食，遇到敵人便集體逃跑，斑馬紋與草的起伏波紋相似，當斑馬置身其中，便能形成保護作用。

牠們是羣居動物，通常一個斑馬家庭是由一匹雄性領導，成員包括一匹以上的雌斑馬和幾頭小斑馬。當受到猛獸攻擊時雌斑馬負責帶小斑馬躲到安全地方，雄斑馬就會用他強壯的後腿抗敵。家庭成員團結一致，當有成員受傷時，其他成員便會環繞着保護牠，令牠免受敵人襲擊。

分類	哺乳類－奇蹄目－馬科
分布區域	非洲的草原
小知識	為了尋找充足的食物和水源，斑馬每年都會進行大遷徙。斑馬是草食性動物。除了草之外，樹枝、樹葉甚至樹皮也是牠們的食物。牠們每天可以花上二十二小時大量進食以讓肚子感到飽足。

普

犀牛
Rhino

　　犀牛的四肢粗壯，牠一身堅硬厚皮，就像披着鎧甲的威猛大將軍。犀牛重達 5 公噸，奔跑時速達 50 公里。長在頭上的單角或雙角雖然很堅硬，但其實是由與頭髮相似的物質角蛋白所形成的。

　　犀牛的頭部巨大，眼睛卻很小，視力頗差，要靠靈敏的嗅覺和聽覺補救。聽到不尋常的聲音時，牠便會走近去嗅嗅才安心。雌犀牛和小犀牛聞到不同氣味或聽到奇怪聲音時，會因受驚嚇而奔跑起來，而雄性犀牛就會變得性情暴躁。犀牛分為黑犀牛、白犀牛、印度犀牛等等，現在分布在亞洲的犀牛已日漸減少，瀕臨絕種了。

分類	哺乳類－奇蹄目－犀科
分布區域	非洲和亞洲
小知識	犀牛皮膚粗硬，常有寄生蟲躲在皮膚的褶縫裏。犀牛喜歡洗泥漿浴，這不但可以除掉蟲子，讓身體降溫；而身上乾掉的泥巴也可以形成保護膜，防止蚊蟲叮咬，以及保護皮膚避免被猛烈的陽光曬傷。

熊貓
Panda

熊貓最愛吃竹子，每天吃 10 至 40 公斤竹子。每天用約十四小時進食，餘下時間都在睡覺，不是因為牠們懶惰，而是為了保持能量。熊貓動作靈活，善於爬樹，也愛嬉戲。

初生熊貓一點也不像父母，粉紅色的皮膚上長着白毛，平均體重只有 100 克左右，是母親的千分之一。牠們跟着母親學習爬樹、覓食等生存技巧，至一歲半才離開母親。熊貓習慣獨居，會以尿液和分泌物的氣味來標記自己的活動領域。現在熊貓的棲息地因遭受破壞而逐漸減少，正面臨生存威脅，需要好好保護。

分類	哺乳類－食肉目－熊科
分布區域	中國四川、甘肅、陝西
小知識	熊貓黑白相間的外表可藏身密林和積雪中避開敵人。熊貓有鋒利的爪和強壯的前後肢，能夠快速爬上大樹。熊貓皮膚厚且強韌，令牠們不畏濕冷，即使在寒冬中仍能在雪地覓食。

粵 普

袋鼠
Kangaroo

袋鼠是體型最大的有袋類動物，會在育兒袋內餵哺幼兒。袋鼠在白天炎熱時休息，夜晚涼快時出外覓食。牠擁有短小前肢和強壯後足，還有長粗尾巴。牠以蹦跳方式走路，有時可躍至三米高，警覺性高，一有風吹草動，便立刻逃跑。

袋鼠一般由雌、雄袋鼠和小袋鼠十幾頭組成袋鼠羣，過着羣體生活。雌袋鼠長有兩個子宮，若能順利輪流懷孕的話，袋鼠就需要一直忙着照顧幼兒。因此，在澳洲，袋鼠數目遠超過人口數目，而政府當局也推出控制袋鼠數量的對策。

分類	哺乳類－雙門齒目－袋鼠科
分布區域	澳洲
小知識	袋鼠出生時只有手指頭般大，耳目緊閉，全身沒有毛。牠奮力爬進媽媽的育兒袋吃奶。一年後，小袋鼠離開育兒袋獨立生活。其間，小袋鼠吃喝以及大小便都在育兒袋中進行，因此袋鼠媽媽每隔一段時間，就用前肢撐開育兒袋用舌頭將育兒袋裏外都清潔乾淨。

粵 普

黑猩猩
Chimpanzee

黑猩猩智商很高，能辨別不同顏色，還能發出多達三十二種有含義的叫聲，懂得以表情和聲音進行溝通。牠大部分時間都在樹上度過，包括睡覺。牠利用長長的手臂勾住樹枝，輕輕一躍，就能在樹與樹之間飛蕩覓食。牠可以像人類般用後腳站立，但走路時還是以四肢着地而行。

黑猩猩是羣居性動物，喜歡小羣聚集，透過互相理毛、抓癢和摟抱等行為來聯誼。由於母猩猩對小猩猩的照顧無微不至，除了親自餵哺、陪同玩耍，還教授求生技巧，感情十分深厚，因此有的黑猩猩離家後，仍會回去探望母親。

分類	哺乳類－靈長目－人科
分布區域	非洲
小知識	黑猩猩手的構造和人幾乎一樣，能抓住物件，也能使用工具。黑猩猩愛吃白蟻，當牠發現白蟻窩用手伸不進去時，就會採摘小樹枝，伸入窩裏，等白蟻爬滿後再拔出來吃。經過多次使用，樹枝末端出現變形，牠們就會使用另一端。

松鼠
Squirrel

松鼠的樣子機靈，雙眼閃閃發光，有蓬鬆大尾巴，四肢強健，行動敏捷。牠們住在樹上，常在樹冠之間跳躍。松鼠喜歡吃松果、橡子、核桃等堅果，會用堅硬而鋒利的門牙，咬開硬殼。

遇到危險時，松鼠就會上下擺動尾巴向同伴通風報信。毛茸茸的尾巴，還能用來保暖，以及在跳躍時發揮保持平衡的作用。松鼠的腳趾上長有末端呈勾狀的爪子，所以能夠用爪和尾巴倒掛在樹枝上。

秋季時，松鼠到處奔忙把採集來的食物運送到安全地方儲存，作為過冬糧食。牠還懂得將食物分開幾處儲存，會在樹上晾曬食物，防止食物變壞。

分類	哺乳類－齧齒目－松鼠科
分布區域	世界各地
小知識	松鼠自築的窩寬敞堅實，窩口朝上而且狹窄，只夠牠自己進出。而松鼠窩最巧妙的地方是，窩口有一個用乾草編成的圓錐蓋，把整個窩都遮蔽起來。下雨時，雨水順着蓋的四周流下，那就不會流入窩中，弄濕窩裏的小松鼠了。

粵 普

猴子
Monkey

猴子身上長滿毛，牠的臉紅通通的。牠會用豐富表情來表達情緒，打架時會露出尖牙作勢要咬對方，更會在遊戲時扮鬼臉。牠的手和人類一樣有五隻手指，懂得抓拿物件。

猴子是羣居動物，會藉着互相清除身上的寄生蟲和污垢來增進感情。牠們動作敏捷，能在樹與樹之間盪來盪去。為逃避敵人，大部分猴子都在樹頂睡覺。母猴一次可產下一至兩隻幼猴，此後的一年間，牠都會抱着或背着幼猴，一刻也不敢鬆懈地照顧牠。幼猴稍微長大了，就會和朋友玩遊戲，從中學習照顧同伴和族羣裏的規矩。

分類	哺乳類－靈長目－猴科
分布區域	非洲、亞洲和美洲
小知識	大多猴子都住在炎熱地帶，但有的下雪地方也住着猴子，例如日本青森縣便有日本獼猴，當寒冬來臨時，牠們會擠在一起蜷曲着身體相擁取暖，在當地甚至可以見到有些獼猴浸在溫泉中暖身。

鳥類 Birds

粵 普

早在遠古時期，鳥類便在地球上生活。幾百萬年來，鳥類發展出多樣化的品種，目前共有超過一萬種。不同品種的鳥類雖然在外貌和習性上各有差異，但牠們仍具有不少共通點。所有鳥類都是卵生的，全身覆蓋着羽毛，用作保暖，抵禦惡劣天氣。

鳥類都有喙，用來啄取食物。牠們擁有流線形的身體、強壯的翅膀和輕巧的骨骼，可以輕易飛離地面。不過，並不是全部鳥類都會飛，有的只會跑或游泳。經過了長時期的演化，鳥類已適應了各種生存環境，在地球每個角落，包括我們身邊都隨時可以發現鳥類的蹤跡。

鸚鵡
Parrot

　　鸚鵡是羣居性鳥類，生活在低地森林或熱帶雨林，習慣成羣或成對飛行。鸚鵡很聰明，記憶力很強。牠們具有特殊的喉嚨結構和舌頭形狀，所以能夠模仿人類説話。鸚鵡以果實、種子、昆蟲等為食物。牠們的喙呈勾曲狀，並很堅固尖鋭，能夠啄開核桃硬殼。牠們的腳爪有四趾，兩趾向前，兩趾向後，能夠牢牢抓住樹幹。

　　大部分鸚鵡的羽毛漂亮多彩，有的在興奮或生氣時，會將頭頂的羽毛撐開。鸚鵡普遍在樹洞裏築巢，雌鸚鵡誕下的蛋又圓又白，但數量不多，至於孵蛋工作則由雌雄鸚鵡輪流負責。

分類	鳥類－鸚形目－鸚鵡科
分布區域	亞洲、美洲、非洲、大洋洲
小知識	灰鸚鵡的羽毛主要是灰色的，只有尾巴是紅色。雖然牠不像其餘鸚鵡那麼繽紛美麗，但牠非常聰明，更擅長模仿人類的語言，並能模仿其他鳥類的聲音，甚至能模擬出以假亂真的電話鈴聲、狗叫聲等。

粵 普

貓頭鷹
Owl

貓頭鷹的頭部寬大，嘴巴短小、末端有勾，是一種夜間出動的猛禽。貓頭鷹是快、狠、準的狩獵高手。牠的雙眼長在面部正面，頸部向左向右都可以轉動達270度，形成了超過360度的視角。而且眼球具有瞬膜，能夠調節光線，在黑夜裏瞳孔會放大，所以夜視能力很高。

貓頭鷹雙翼上長有光滑輕軟的細毛，使牠可以無聲無息地飛近獵物，而不被發覺。此時，貓頭鷹再猛然伸出牠的強壯利爪，便可輕鬆抓住獵物。貓頭鷹大多在自己佔有的領域獨居，一旦小貓頭鷹長大了，就必須去尋找自己的地盤和伴侶。

分類	鳥類－鴞形目－草鴞科、鴟鴞科
分布區域	世界各地
小知識	貓頭鷹吃東西時通常不經咬嚼便吞下，然後在胃裏慢慢消化。消化不了的羽毛或骨頭，就會被擠壓成小團再吐出來，所以在貓頭鷹家附近，經常會看到一些黑黑的廢物毛團，不同種類的貓頭鷹所吐的廢物也有所分別。

孔雀
Peacock

孔雀有綠孔雀與藍孔雀兩種。綠孔雀的胸頸部羽毛為翠金屬綠色，黃臉頰；而藍孔雀的胸頸羽毛則為金屬藍色，白臉頰。只有雄孔雀擁有漂亮的長尾羽，並會開屏。春天是孔雀的繁殖期，雄性開屏次數特別多。牠展開五彩繽紛的尾羽，做出各種優美動作去吸引雌性。到雌性產卵孵化後，雄性會和雌性共同照顧小孔雀。

孔雀的視力和聽力俱佳，所以危險感應力極高，一旦發現危險，牠就會發出特殊的響亮尖叫聲。而孔雀開屏也是一種禦敵行為，牠抖動羽屏令它沙沙作響之餘，屏上的眼形斑也會隨之亂動，從而嚇退敵人。

分類	鳥類－雞形目－雉科
分布區域	非洲、亞洲
小知識	藍孔雀又稱為印度孔雀，在印度很受歡迎，不但不會遭到捕獵，還可以和人親近地生活。而白孔雀是藍孔雀的變異品種，被列為中國國家二級保護動物。牠長着一身純白羽毛和淡紅色的眼睛，開屏時顯得高貴端莊。

巨嘴鳥
Toucan

　　巨嘴鳥喜歡吃果實、種子和昆蟲。牠的羽毛以黑色為主，只有胸部是白色。牠獨有的橙黃色超級大嘴巴，看似很沉重，其實硬殼裏頭充滿着像蜂巢般的孔隙，很輕巧，但較易斷裂，不適宜啄樹。因此，牠們會佔用啄木鳥啄成的樹洞來築巢。

　　巨嘴鳥常常幾隻或單獨棲息在樹頂，牠們在樹枝間跳來跳去、吵鬧不休，即使一公里外也能聽到牠們發出敲木頭似的「叩叩」聲。巨嘴鳥每年繁殖一次，由雌鳥和雄鳥輪流孵化。除了自己的孩子，大嘴鳥還會充當保姆，餵食其他父母不在家的小巨嘴鳥，是個友愛的族羣。

分類	鳥類－鴷形目－鵎鵼科
分布區域	美洲
小知識	巨嘴鳥因嘴太大，只好採用特別姿勢讓食物盡快通過嘴巴。進食時牠總先仰起脖子，把水或食物倒進去。有時會把食物拋高，再張大嘴巴接住然後吞下。牠每天進食大量且種類多樣的水果，然後到處排泄散播種子，有助植物繁殖。

鷹
Eagle

鷹是一種生性兇悍的食肉猛禽，吃小型哺乳動物、鳥類和魚類等。鷹的狩獵能力很高，因為牠們擁有極其敏銳的眼睛，即使在高空飛翔亦能清晰看到地面的獵物；強健有力的翅膀又寬又長，且能迅速拍翅，飛行能力很強；力大無比而且尖利勾曲的腳爪，能夠在俯衝的瞬間快速抓住獵物。

鷹多在樹木的高枝上築巢，是世界上分布最廣的猛禽之一。牠們並不懼怕人類，在亞洲，無論是在鄉鎮，或是在城市裏都可以看到鷹的蹤影，即使在人來人往、交通繁忙的地方，牠們都隨時會滑翔到地面來捕捉獵物。

分類	鳥類－隼形目－鷹科
分布區域	世界各地
小知識	鷹不用拍翼也能飛翔嗎？原來，當鷹張開大翅膀盤旋着飛升，雙翼幾乎一動也不動，其實是利用了氣流上升的力量來支撐身體，當牠開始向下滑翔，表示這時上升氣流的支撐已經消失。

燕子
Swallow

燕子的身體近似黑色，習慣成羣在空中翱翔。牠們體型較小，身長只有 13 至 18 厘米，腳短而輕，翅膀比身更寬更長；長長的尾羽像剪刀。燕子飛行技術精湛，可以一邊飛，一邊喝水和進食。

燕子常在民居屋簷下築巢，以唾液混和濕泥、樹枝和草根等堆砌成巢。牠們喜歡吃蜻蜓和蚊蠅等，有利減少人類遭受蚊蠅侵害。燕子是候鳥，在秋冬時飛到溫暖的南方過冬，春天再返回北方棲息地繁殖，雌雄燕會合作築巢、孵化和餵養幼燕。幼燕漸漸長大，開始努力練習飛行，為秋天出發往南方度冬作準備。

分類	鳥類－雀形目－燕科
分布區域	亞洲、非洲、歐洲
小知識	燕子的視力很好，可以精準地捕捉移動中或是遠處的昆蟲，是補蟲能手。昆蟲大多有在下雨前低飛的習性，捕食時的燕子也會跟着低低的飛，所以看到燕子低飛代表快要下雨了。

麻雀
Sparrow

麻雀體長只約 15 厘米，牠的羽毛以暗褐色為主，頭頂和後頸位置是栗色，面部是白色。麻雀是「留鳥」，一年四季都留在同一地區生活，為了應付寒冬，秋天時麻雀會換上較厚的羽毛。雌雄麻雀交配後開始築巢，牠們共同分擔孵蛋和餵食幼雀的工作。當幼雀學會飛行後，母雀還會教牠各種生活技巧。

在晴天裏，麻雀會在水裏或沙裏洗澡，清除身上的髒物和寄生蟲。麻雀吃植物的種子和果實，也吃昆蟲包括寄生農作物上的害蟲。麻雀習慣與人類共生，甚至在民居屋簷下築巢。牠們的繁殖力強，數量龐大，因此隨處可見。

分類	鳥類－雀形目－麻雀科
分布區域	亞洲、歐洲
小知識	麻雀腳上的脛骨和跗骨間的關節不能彎曲，所以只能頻繁快速跳動。麻雀非常弱小，為了避免受襲，總是好幾百隻集體行動，不但覓食和進食，甚至睡覺也會羣聚進行。

粵 普

白鷺
Egret

白鷺身體修長，全身長着如雪般潔白的羽毛。牠們體態曼妙，飛翔的姿態十分優美。白鷺喜歡大批羣集，一般在水田、溪流、江河以及沼澤等固定區域一起覓食、繁殖以及棲息。牠們的主要食物是魚蝦、蛙類、昆蟲，偶爾也吃植物。

每天天亮後，牠們就會成羣結隊出動覓食，涉水漫步或者站立於水邊，眼睛緊緊地盯着在水裏來回活動的生物，時機一到就猛然把長嘴伸向水中啄食。牠們還常常單腳佇立水中，再用另一隻腳撥動水面，然後趁機快速的啄食被激起的魚蝦。整個捕食過程動作優雅，顯得從容不迫。

分類	鳥類－鸛形目－鷺科
分布區域	亞洲、非洲、歐洲、大洋洲
小知識	在春天的繁殖期，雄白鷺除了頭上會長出兩條像辮子般的白色長飾羽，另外身上圍繞着胸背也長出一圈輕軟柔細的美麗蓑羽，藉以吸引雌白鷺。牠還會採集樹枝送給心儀的雌白鷺，以表愛意。

鴕鳥
Ostrich

鴕鳥是最大的鳥類，也是唯一的二趾鳥。雄鳥的羽毛以黑色為主，只有翅膀末端是白色的；而雌鳥的羽毛是灰褐色的。牠們的羽毛細軟如絨毛，非常保暖。

鴕鳥在沙漠地帶過着羣居生活，為了適應乾旱氣候，可以一次喝下大量的水，也可以很久不喝水。牠們在每隻腳趾底部都長有一層肉墊，能防止沉重的鴕鳥陷入沙裏。牠們長得高、看得遠，眼睛很大，視力非常好，長長的睫毛可以遮擋風沙。鴕鳥具有敏銳的聽覺，能及早感應到侵略者的動靜。鴕鳥雖不會飛，但跑得非常快，時速可達 70 公里，可盡快逃離險境。

分類	鳥類－鴕鳥目－鴕鳥科
分布區域	非洲、美洲
小知識	當鴕鳥在孵蛋時發現敵人，通常不會棄蛋逃走，而是張大翅膀蓋住所有蛋，將頭往前伸直連同長頸平貼在沙地上，甚至將部分頭部埋進沙中，一動不動的，看過去身子就像是一堆沙，而頭頸就恍如一段枯木，敵人便難以發現。

水中動物 Aquatic Animals

粵 普

　　水中動物棲息在海洋、湖泊、河流與沼澤等水域，當中以在海洋中的種類為最多，由於海洋深處又暗又冷，因此大多在接近水面的地方活動。水面陽光充足、海水溫暖，微小的植物生長得很快，能為微小的動物提供充裕食物。許多水中動物都以微小動植物維生，而較強壯、體型較大的動物也會捕食比自己弱小的動物。

　　水中動物各式各樣，牠們以不同的方式呼吸：魚類用鰓部呼吸；屬哺乳動物的鯨類則用肺呼吸。而經過長時期的演化，水中動物都發展出了有利於在水中游動和隱藏的外型和身體構造，變得非常適應水生環境了。

海豚
Dolphin

海豚不是魚，是哺乳動物。牠用肺呼吸，利用頭頂的噴氣孔在浮出水面時呼吸新鮮空氣。大部分海豚喜歡羣居，覓食時也會聯羣行動，以獲取更多獵物。牠們很聰明，能以多種叫聲交流，並利用回聲去確定魚羣位置，再合力把魚羣包圍，讓魚兒逃脫不了。海豚皮滑圓長的身體，非常適合游泳，最高時速可達40公里以上。

可愛的海豚嘴型上翹像在微笑，牠非常貪玩，在水上跳出躍下轉圈圈，喜歡乘浪伴游船隻左右或在前方領航。海豚也很保護同伴，一旦發現敵人，強壯的海豚會把弱小的同伴團團護住，然後合力擊退敵人。

分類	哺乳類－鯨目－海豚科
分布區域	世界各海域
小知識	為了讓小海豚順利進行第一次呼吸，海豚媽媽會將小海豚推出水面，有時其他母海豚也會來幫忙。初生海豚只吃奶，直至牠長出圓錐形的牙齒。牙齒上有圓環，每一環代表一歲。當海豚媽媽出去獵食，其他海豚會幫忙照顧小海豚。

鯨
Whale

鯨是現存哺乳動物中體型最大的，顏色大多呈藍灰色。牠沒有鰓，所以每隔一段時間就要浮上水面，透過噴氣孔進行呼吸。牠的肺部很強大，可關閉噴氣孔潛到水底達20分鐘之久。為了適應水中生活，牠的後腳已完全退化，前腳演化成鰭狀，游泳時用背鰭來作平衡。

鯨是溫血動物，體溫和人一樣約是攝氏37度，牠利用皮下厚脂肪維持體溫。大多數鯨習慣羣居，不論是在遷徙或獵食都聚在一起，也會互相幫助餵哺和保護小鯨。鯨的聽覺敏銳，牠們在海水中發出的聲音，其他鯨即使遠在幾公里外也能聽得到。

分類	哺乳類－鯨目
分布區域	世界各海域
小知識	鯨目動物有兩類：一、齒鯨，如抹香鯨、海豚等，頭頂有一個噴氣孔，有牙齒，獵食魚類及章魚等；二、鬚鯨，如座頭鯨、藍鯨等，有兩個噴氣孔，沒牙齒但有鯨鬚，進食時喝進海水後閉嘴，用鯨鬚過濾海水，只留下小魚蝦等食物。

海馬
Sea Horse

海馬是一種小型海洋魚類，一般只長 2 至 35 厘米。海馬全身覆蓋着一層硬殼，用長管似的嘴巴吸食小蝦和浮游生物。牠的頭部像馬、身體像蝦，背鰭連接着像象鼻般的長尾巴，長得一點也不像魚。海馬以頭上尾下的直立姿勢游泳，速度很慢，休息時捲起尾巴勾纏在海藻或珊瑚上，防止被水流沖走。

雄海馬的肚子有一個育兒袋，在每年五至八月的繁殖期間，雌海馬會將卵產在雄海馬的育兒袋裏面，等到小海馬孵化了，雄海馬就會用力緊縮腹部，將一隻又一隻小海馬噴射出來，一次孵出的海馬可多達千隻以上。

分類	魚類－刺魚目－海龍魚科
分布區域	世界各熱帶及溫帶淺水區域
小知識	海馬有一雙比大多數動物都靈活的眼睛，左右眼可以分開各自向上下左右轉動，即使牠的身體沒有動，也可以觀看到各個方位，令牠在覓食與避開敵人時更為方便。

海星
Starfish

全世界約有 1,600 種海星。顏色鮮豔的海星生活在海牀上，外形像顆星星。牠的嘴巴長在身體正中央，有五隻或以上的腕足。牠的行動遲緩，會捕食貝類、海膽和螃蟹等生物。而牠的捕食工具便是腕足上那些密麻排列、數以百計的管足，每個管足末端都附有吸盤。

當牠捕食貝類時，會先用有力的吸盤打開貝殼，然後從口中將胃袋伸進貝殼把貝肉包住，將它在體外消化吸收。海星雖然沒有腦部和眼睛，但牠腕足末端的超微細器官，能夠感應和監測外界極微弱的動靜，使牠能夠更為準確地捕食或避免被獵食。

分類	無脊椎動物－海星綱
分布區域	世界各海域
小知識	大部分海星都以有性生殖方式繁衍後代，但是某些種類的海星具有特殊的無性生殖能力，當牠們的身體例如腕足或體盤等受損或被切斷後，都能夠自然再生，而牠們身上任何部位都可以在分裂後長成一隻完整的海星。

魚類
Fish

魚類品種繁多，因此在任何水生環境中，都可以看到牠們的蹤影。大部分魚類都是冷血動物，體溫保持着與水一樣的溫度。大多數魚類都擁有流線型的身體，牠們有着各種各樣的大小、形狀和顏色，一般身體較細長的是快游魚類，而生活在水底且身體呈扁平狀的是慢游魚類。

所有魚類都以鰓呼吸，用魚鰭控制游泳速度和保持身體平衡，牠們大多全身覆蓋鱗片，一方面可保護身體，另一方面可以更加順暢自如地在水中游動。魚類和人類關係密切，人們除了會食用魚類外，也會飼養魚類作觀賞用途，調劑身心。

分類	脊索動物－魚類
分布區域	世界各水域
小知識	深海魚指生活在超過二百米深水域中的魚類。由於水深處光線微弱，許多深海魚的身體某部位會產生螢光素，透過螢光素發光去吸引獵物靠近，以及在捕食時照亮獵物。有些深海魚眼睛下方更具有巨大發光器，可以令視線更清晰。

水母
Jellyfish

水母是一種低等浮游動物，有的水母品種約在6億年前已在地球上出現，比恐龍還要早幾億年。水母基本是由水組成的，牠的身體含水量高達97%以上。最小的水母長度不足2厘米，而最大的水母觸手可長達36米。牠們有的隨海潮到處飄游，有些會利用身體皺褶排水造成反射前進，看來就像一把在水中漂浮的降落傘。

許多水母都會發光，外表美麗奪目，可是牠的性情卻十分兇猛。牠長在傘下的觸手上有尖刺，會在刺中獵物時釋放毒液，使對方快速麻痹甚至死亡。可見，觸手既是有用的覓食工具，還是防衛敵人的寶貴武器。

分類	無脊椎動物－腔腸動物門
分布區域	世界各水域
小知識	遠處的風與浪互相摩擦會產生次聲波，而水母傘裏有一塊小聽石，聽石能感應次聲波的衝擊，令水母預知風暴即將到臨，紛紛及早躲到安全的深海地帶去。

極地動物 Polar Animals

粵 普

地球的南極和北極長期低溫嚴寒，絕大部分的人類以及動物都難以適應，因此除了少數土著居民，只有為數不多的動物種類在極地裏生活，包括磷蝦、北極狐、雪鴞、北極兔、北極熊，以及企鵝等。

兩極終年被冰雪覆蓋，食物資源匱乏，因此經過長期演變，極地動物都進化出了能夠對抗嚴酷氣候的身體構造。一般，牠們都長有肥厚的皮下脂肪層和濃密長毛，用來防寒、防水。為渡過寒冬，牠們有的會在秋季大量進食增胖、儲存能量，有的就會每年展開遷徙旅程，去尋找食物與繁殖後代。

粵 普

北極熊
Polar Bear

北極熊也叫白熊，是體型最大的熊科動物。為了適應冰天雪地，牠的腳掌長得非常肥大，每隻各有五隻利爪，腳底長有厚毛，使牠能在滑溜溜的雪地上站立和跳躍。牠善於游泳，甚至可以潛到水深處。

全身濃密的雪白毛髮，可以防水、隔熱和吸熱，更可和冰雪融合為一，以防被獵物發現。而厚實的皮下脂肪，便是極度保暖的特別裝備，當牠食物不足時還可以轉化成熱量呢！冬季時，母北極熊在洞穴裏生產和生活，大約半年期間不吃不喝，靠着體內脂肪提供熱量，並以睡覺來節省能量，渡過寒冬。

分類	哺乳類－食肉目－熊科
分布區域	北極圈附近
小知識	北極熊常趴在冰面的通氣洞旁邊，一隻手掩着黑鼻子，讓自己隱身在白茫茫的冰上，當有海豹從洞孔鑽出時，便立刻用另一隻手去攻擊。若身邊沒有掩護物時，牠就會趴在地上慢爬靠近獵物，再突然衝出去攻擊獵物。

粵 普

企鵝
Penguin

大多數企鵝都生活在南極冰洋，牠全身覆蓋着厚密的羽毛，這層羽毛底下還有一層細軟絨毛，既保暖又防水。而皮下的厚脂肪，具有極高的禦寒功能。擁有一身黑白雙色羽毛的企鵝像極一位紳士，牠是不會飛的水鳥，在冰地上像鴨子般搖擺步行，走着走着便趴下用腹部着地在冰上滑行。

企鵝的腳掌有蹼，一躍跳進水中，划動一雙像魚鰭般的短小翅膀，便能矯捷暢游，並能潛到數百米深處覓食。牠們喜歡羣居，會互相幫助，當小企鵝的父母外出捕食時，其他大企鵝會將牠們聚集在一起共同看管，以保安全。

分類	鳥類－企鵝目－企鵝科
分布區域	南極地帶
小知識	雌企鵝生下蛋後，便交給雄企鵝負責孵化，自己就前往海裏吃魚及帶食物回來餵小企鵝。雄企鵝把蛋放在腳上，用溫暖的肚皮孵蛋，幾星期不吃不喝，只靠體內脂肪提供能量，直至小企鵝孵出、雌企鵝回來後，就輪到牠去覓食了。

粵 普

海豹
Seal

海豹種類共超過 30 種，牠們大多以小羣落形式生活。海豹和海獅都是鰭腳類動物，但海豹的後鰭腳更為退化，不能向前彎曲，無法行走，只能在冰上彈躍前進。海豹的身體呈流線形，並且沒有外耳，在水中阻力大減，以及有前鰭腳划水推進增加泳速，因此比海獅更適應水中生活。

海豹可以潛進超過 250 米的水底，在水裏時牠閉起鼻孔和耳朵，能長時間憋着氣，自在地潛游水底，捕捉魚類、章魚和烏賊等食物。有的海豹生活在冰層下，牠們會在冰層上鑿孔，方便躍進水中，而當空氣用盡時，又可以隨時鑽出水面呼吸換氣。

分類	哺乳類－食肉目－海豹科
分布區域	分佈在冷水海域，主要存在於北極圈、南極洲等地區
小知識	小海豹在浮冰上一出世，海豹媽媽就會把牠從頭到腳嗅遍，牢牢記住牠的氣味。小海豹全身披着雪白的毛，與浮冰融成一體，但無論相隔多遠，小海豹和海豹媽媽，都能憑着氣味認出對方，完全不用擔心。

北極狐
Polar Fox

北極狐又叫白狐，耐寒能力極高，甚至能抵禦攝氏零下 80 度的酷寒。北極狐面部狹小，面頰後長有長毛，嘴部尖短，耳朵既小又圓且短並長有絨毛，既保暖，又能防止體温流失。牠全身披上厚密的鬆軟長毛，令體温保持在攝氏 40 度左右。腳底也長着長長的密毛，非常適合在冰雪中行走。

北極狐會吃的食物種類繁多，包括小哺乳動物、鳥類、昆蟲和漿果等。牠們通常以小羣體出動覓食，當食物缺乏時更會和同伴搶食。北極狐耐寒不需要冬眠，所以需要儲存食物，將夏秋兩季捕獲的食物貯藏在巢穴中，留待冬季享用。

分類	哺乳類－食肉目－犬科
分布區域	北極地區
小知識	北極狐每年換兩次毛，夏季的毛色由白色變成棕色，與融雪後露出的石頭和泥土融合為一；冬季的毛色會變回白色，可融入白茫茫的雪地之中。有些整年毛色都保持藍灰色的，叫做藍狐，是北極狐的變種，分布在少雪的海岸或平地。

粵 

白鯨
Beluga

白鯨在北冰洋的寒冷水域生活，以甲殼動物、魚類、大型的浮游生物等為食，食物種類因生活地域和季節而定。白鯨的羣居性很強，每年四月，羣體聚集於格陵蘭西海岸附近的水域進行繁殖。白鯨對自己的出生地十分依戀，尤其是雌鯨，有每年回到出生地的習性。

白鯨是小型鯨類，身長僅約 4.5 米，是唯一一種白色的鯨類。牠們喜歡徘徊在浮冰附近，乳白體色正是最好的保護色，以避免遭受北極熊獵殺。白鯨每年蛻皮一次，牠的皮膚厚度足有陸生哺乳動物的八倍之多，禦寒能力十足之餘，更可防止身體受傷。

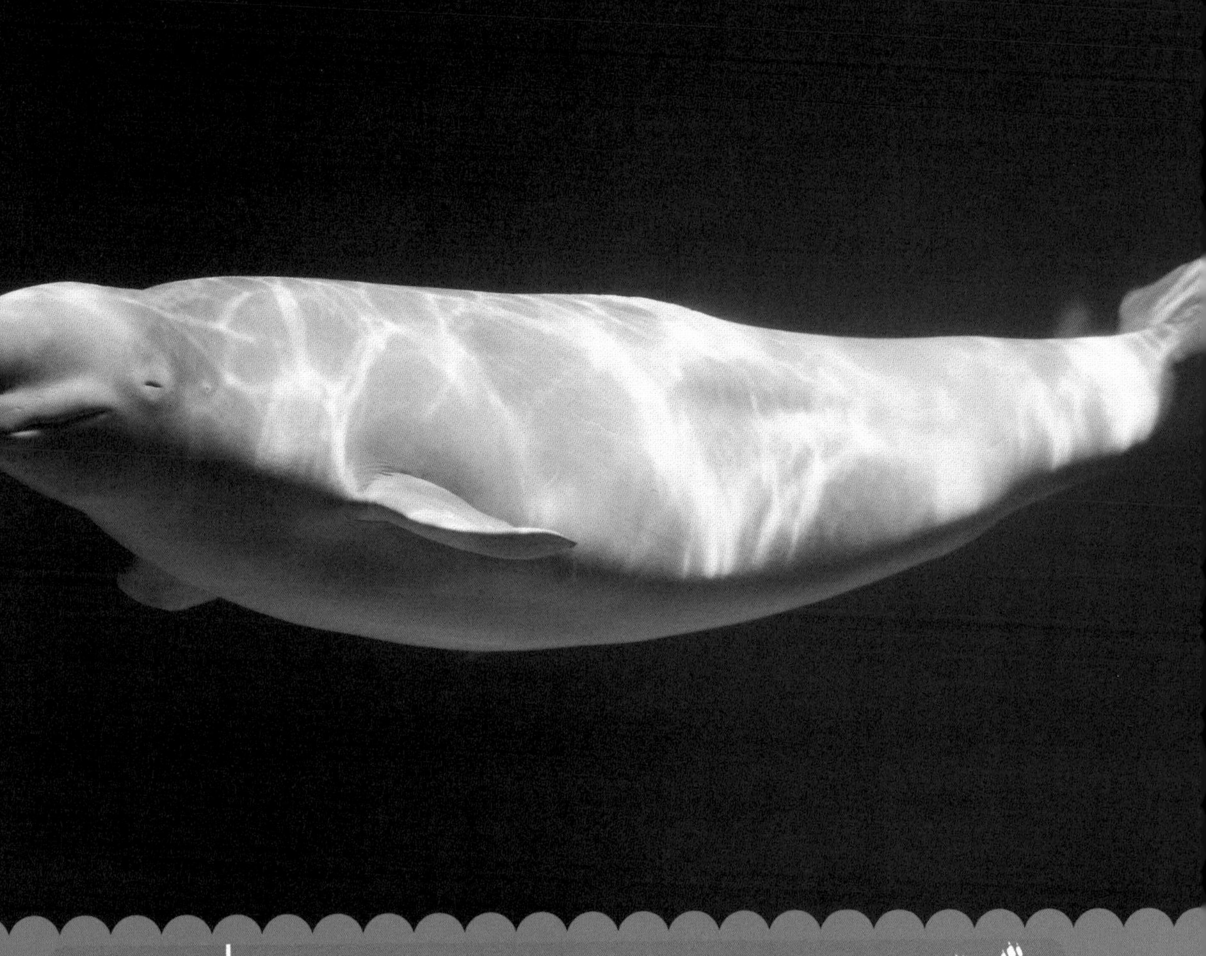

分類	哺乳類－偶蹄目－一角鯨科
分布區域	北極地區
小知識	白鯨喜歡在海底用聲音和同伴溝通，很多時都會發出像鳥叫般的啁啾聲，於是有了「海中金絲雀」的稱號。其實，白鯨能發出的聲音變化多樣，而且牠是唯一懂得動嘴唇的鯨類，有時更會做出嘴角上揚像在微笑的表情。

新雅小百科系列

動物

編　　寫：新雅編輯室
責任編輯：胡頌茵
美術設計：許鍩琳
出　　版：新雅文化事業有限公司
香港英皇道 499 號北角工業大廈 18 樓
電話：(852) 2138 7998
傳真：(852) 2597 4003
網址：http://www.sunya.com.hk
電郵：marketing@sunya.com.hk
發　　行：香港聯合書刊物流有限公司
香港荃灣德士古道 220-248 號荃灣工業中心 16 樓
電話：(852) 2150 2100
傳真：(852) 2407 3062
電郵：info@suplogistics.com.hk
印　　刷：中華商務彩色印刷有限公司
香港新界大埔汀麗路 36 號
版　　次：二〇二三年七月初版

ISBN: 978-962-08-8197-8

18/F, North Point Industrial Building,499 King's Road, Hong Kong.
Published in Hong Kong SAR, China
Printed in China

鳴謝：
本書部分相片來自 Pixabay (https://pixabay.com)
本書照片由 Shutterstock 授權許可使用。